AF355728

Extrait du Journal d'Agriculture pratique pour le Midi de la France.

(AVRIL 1863.)

# HYGIÈNE DES ÉTABLES ;

## Par M. SERRES, Membre non résidant.

MESSIEURS,

Parmi les mémoires que nous avons eu l'honneur de vous communiquer, deux ont trait à l'aptitude à donner à l'espèce bovine de nos contrées et au choix des bœufs de travail.

Continuant nos études sur les animaux de cette espèce, nous abordons aujourd'hui une question non moins importante que les deux premières, le logement de cet utile auxiliaire de l'agriculteur.

Nous chercherons à démontrer l'influence des habitations sur les aptitudes à donner à notre espèce bovine ; leurs effets sur l'énergie, la résistance à la fatigue et l'état sanitaire de ces animaux.

Pour atteindre notre but, nous croyons utile de jeter un coup d'œil rapide sur la manière d'être des étables de nos contrées, d'en déduire l'action qu'elles peuvent avoir sur les bêtes qu'elles abritent, et dans le cas où elle serait funeste au développement de l'aptitude à chercher, à la conservation de la santé ; indiquer sommairement les modifications à y apporter. Tel est, Messieurs, le cadre que je me propose d'étudier rapidement. Nous ne voulons ni ne pouvons approfondir tous les points de cette vaste question.

En parcourant nos campagnes, l'œil se repose souvent avec plaisir sur la végétation luxuriante qui couvre le sol ; l'homme admire la beauté des récoltes, l'abondance des fourrages, l'assolement bien compris, les soins intelligents donnés à la culture.

La part toujours croissante faite à la culture des plantes fourragères, maintenue toutefois dans de justes limites, dénote sûrement un progrès agricole ; n'est-il pas, en effet, l'indice d'un accroissement dans le nombre du bétail, d'où découle la possibilité de fournir au sol les éléments qui lui sont enlevés par la végétation.

Les animaux sont donc la base de toute amélioration agricole possible. Aussi a-t-on pu dire avec raison que l'état agricole d'un pays se décèle sur les animaux qui y naissent et s'y développent.

Le bœuf, docile et paisible animal, ami fidèle et indispensable du laboureur, ne reçoit pas toujours les soins que mérite son utilité. Si l'on est à son égard peu parcimonieux d'aliments, c'est qu'il est notoire pour tous que, sans nourriture, pas de travail et peu de fumier.

La nourriture est-elle le seul élément à fournir à l'organisme ? elle serait impuissante à atteindre le but cherché. *Qui dort dîne*, a dit un vieil adage. Le repos, règle universelle de toute chose, doit succéder au travail ; et les aliments, source du fluide sanguin, doivent se purifier, se vivifier par leur contact avec un air pur.

*Air pur, repos*, sont des conditions indispensables à fournir à nos bêtes bovines.

Les leur donne-t-on toujours ?

Il faut reconnaître que généralement les habitations de nos bêtes bovines sont loin d'être des modèles de perfection.

L'ignorance la plus complète de toute donnée hygiénique semble avoir présidé à leur confection : défaut de dimensions ; difficulté d'aération ; mauvaise disposition des ouvertures, du sol où reposent les animaux, des crèches et des râteliers ; manque de lumière : telle est leur manière d'être. Joignons à ce tableau, non contestable, la mauvaise tenue des étables.

Les laboureurs ne sont pas toujours assez soucieux de ce point. On en juge en voyant les planchers recouverts de toiles d'araignées, les murs de saletés, et le mauvais aménagement des fumiers. Aussi en pénétrant dans ces habitations on est péniblement impressionné, soit par la haute température qui y règne, l'odeur pénétrante qui s'en dégage, la teinte pâle et peu active de la lumière; l'accélération, la difficulté de la respiration si l'on séjourne longtemps dans ce milieu.

Signaler ces imperfections, ce n'est pas avouer que toutes les fermes offrent sous ce rapport le même aspect. Nous nous plaisons à reconnaître la tendance des agriculteurs à marcher vers le progrès; plusieurs même ont remedié au défaut d'espace par une meilleure aération et une grande propreté.

Fort peu ont compris la nécessité de séparer, le plus possible, les animaux de croît et d'engrais de ceux de travail.....

Nous pouvons, d'après la manière d'être des étables de nos contrées, les diviser en deux grandes catégories : les unes manquant de l'espace nécessaire au bétail qui les habite et d'aération, mais bien tenues d'ailleurs; les autres se trouvant dans les mêmes conditions que les premières, de plus, mal tenues et continues avec les bergeries et les porcheries. Nous pourrions former une troisième catégorie comprenant les rares fermes où les étables offrent de bonnes conditions hygiéniques. De celles-ci nous n'en dirons rien ; elles trouveront leur place dans les considérations générales énoncées à propos de l'aménagement bien compris des étables.

Ces distinctions établies, elles sont importantes, étudions les effets produits sur l'organisme par chaque catégorie.

*La première*, la moins défavorable, offre-t-elle au bétail qui l'habite les bonnes conditions de *repos*, d'*aération*, de *température* et de *lumière* ?

L'espace étant trop restreint, le bœuf, habitué à se coucher dès qu'il a pris son repas, ne pourra se placer convenablement, gêné qu'il est par ses voisins, pour avoir un décubitus normal qui lui permette de se reposer et récupérer les forces dépensées par le travail.

N'oublions pas, Messieurs, que le repos a un équivalent de nourriture..... Ce repos sera-t-il toujours paisible? Le bruit des animaux de trait, les vaches pleines ou nourrices, les bêtes d'engrais, leur laisseront-ils cette tranquillité si utile à la réparation des forces? Les bouviers eux-mêmes ou le personnel de la ferme ne troubleront-ils pas trop souvent le repos de ces pauvres bêtes harassées de fatigue? il faut bien reconnaître que ces causes de perturbation ne sont que trop réelles.

*Le défaut d'aération* apporte dans l'économie animale un trouble bien plus grand que le manque de repos.

Plusieurs causes concourent à vicier l'atmosphère où sont plongés les animaux.

La *première* consiste dans les modifications que lui fait subir la respiration. Cette fonction lui enlève de l'oxygène et lui donne en échange de l'acide carbonique. Nous savons, en effet, que l'air pur renferme comme éléments principaux, 21 parties d'oxygène, 79 d'azote, 4 à 5 dix-millièmes d'acide carbonique et une proportion variable de vapeur d'eau. Celui fourni par l'expiration se compose d'oxygène 16 à 17 parties, acide carbonique 3 à 6, azote 79. La vapeur d'eau a un peu augmenté. Par cet échange continuel, si l'air ne pouvait se renouveler, l'acide carbonique serait bientôt en proportion suffisante pour rendre la vie impossible, attendu que l'hématose ne trouverait plus l'oxygène nécessaire à la calorification, et le sang manquerait de son élément vivifiant. Les anciens avaient donc raison de qualifier l'oxygène *d'air vital.*

Pour si défectueuses que soient nos étables , elles ne sont pas assez hermétiquement fermées pour s'opposer au renouvellement de l'air ; l'acide carbonique n'y est jamais dans un rapport assez élevé pour produire l'asphyxie. La quantité de ce gaz peut néanmoins être suffisante pour rendre l'hématose moins parfaite, le sang moins propre à l'excitation et à la nutrition, et voir sous cette seule influence décroître la puissance, l'énergie musculaire, et préparer peut-être l'apparition de ces maladies qui attaquent les sources de la vie.

L'acte de la respiration fait seulement varier les éléments constitutifs de l'atmosphère. Le jeu organique rejetant au dehors par les émonctoires naturels de l'économie, les produits de la désassimilation , des matières animales vaporeuses se dégagent continuellement des animaux et altèrent l'air en y ajoutant des substances volatiles. Si leur nature intime échappe à l'analyse la plus scrupuleuse, l'odorat n'y décèle pas moins une odeur différente selon les animaux qui les fournissent. Tout homme habitué à parcourir les diverses habitations des espèces animales reconnaîtra par l'odorat celles qui y logent. Ces matières , désignées sous le nom de miasmes simples , introduites dans le sang par l'inspiration , altèrent ce liquide et le rendent moins propice à fournir les éléments de nutrition et de sécrétion.

Les hommes et les animaux ont été victimes de semblables conditions. Est-il rien de plus nuisible qu'une telle atmosphère désignée par la science sous le nom d'air confiné. Le souvenir des malheureuses victimes dont parle Percy, est encore présent à beaucoup d'esprits. A l'époque de la guerre faite par les Anglais dans l'Indoustan , sur 146 personnes enfermées dans un espace de vingt pieds carrés et percé seulement de deux petites fenêtres , 96 moururent au bout de six heures. De Gasparin ne dit-il pas que les moutons transportés, pen-

dant la guerre de l'indépendance , d'Europe en Amérique, périrent tous dans les bas-fonds des navires où ils étaient enfermés. Sur 200 moutons enfermés dans une bergerie peu
aérée, 60, d'après le rapport de Delafond, moururent en
une nuit.

Ces seules citations prouvent incontestablement l'insalubrité
de l'air confiné, et témoignent à un haut degré de la nécessité
de l'aération.

L'élévation de la température de cette première catégorie
d'étables, conséquence inévitable du manque d'aération, vient
joindre ses fâcheux effets à ceux que nous venons d'indiquer :
effets d'autant plus fâcheux qu'ils sont le résultat d'une chaleur humide. L'élévation de la température dilate l'air. L'inspiration apporte aux poumons moins d'oxygène, d'où la
nécessité de l'accélération de la respiration pour suffire à une
hématose complète. Cette accélération de la respiration n'est-
elle pas une cause de dépense? ne sait-on pas, en effet, que
toute action organique ne peut s'effectuer qu'en puisant dans
le sang et l'influx nerveux les éléments de son activité? si
petite soit-elle, cette dépense existe, il faut l'éviter. Ici,
comme dans toutes les industries bien comprises, les écono-
mies constituent les premiers bénéfices.

L'*humidité* de l'atmosphère relache la fibre, diminue l'é-
nergie, s'oppose ou ralentit l'importante fonction qu'est
appelée à remplir la vaste surface cutanée. Les matériaux de
désassimilation rejetés par cette voie ne pouvant s'en échap-
per restent ou rentrent dans le torrent circulatoire et portent
une entrave au jeu organique.

La *lumière,* source précieuse de fécondité et de vie, l'un
des excitants puissants de l'économie, ne peut, sans inconvé-
nient pour le développement et le maintien de l'aptitude au
travail de nos bêtes bovines, manquer à nos étables.

Ne savons-nous pas que l'étiolement, la mollesse de tissus, le peu de tonicité de la fibre, l'absence d'énergie et de force musculaire, une constitution faible, sont le partage des animaux privés d'une insolation suffisante.

Les jardiniers, en pliant et serrant les feuilles des laitues pour les rendre blanches et douces, ne font-ils pas journellement l'application du principe que nous posons?

Les considérations auxquelles nous venons de nous livrer se rapportent aussi à la deuxième catégorie des étables. Celles-ci offrent un élément de plus à l'altération de l'atmosphère.

Dans la première condition, les animaux se trouvent sous l'influence d'un air contenant plus d'acide carbonique, moins d'oxygène, une matière animale gazeuse non déterminée.

Dans la deuxième, même état atmosphérique, d'où des effets analogues, de plus présence de gaz résultant de la décomposition des matières organiques stagnantes dans l'étable et dont la chimie nous a dévoilé la nature : tels sont les gaz sulfhydrique, carbonate et sulfhydrate d'ammoniaque.

Ces gaz jouissent d'une grande puissance toxique : il suffit, d'après l'expérience de Chaussier, de 1/250 du premier dans l'air respiré pour apporter dans l'économie une perturbation incompatible avec la vie.

Mais, pourriez-vous nous dire, comment se fait-il qu'en présence des profondes altérations subies par ces modificateurs normaux de l'organisme, la machine animale ne succombe pas à sa tâche? que les animaux placés dans ces milieux résistent à leurs rudes labeurs, semblent jouir d'une bonne santé, prennent de l'embonpoint, de la graisse, et les vaches laitières donnent beaucoup de lait?

Ces objections paraissant sérieuses au premier abord, tombent devant une discussion approfondie. Nous répondrons :

Les étables, nous le savons, ne sont pas assez hermétiquement fermées pour que tout renouvellement d'air soit impossible.

La stabulation n'est pas permanente pour les animaux de travail; s'il n'en était pas ainsi, nos bêtes bovines subiraient le sort des moutons qui périrent dans la traversée d'Europe en Amérique. Quant à l'embonpoint, l'engraissement, l'augmentation de la sécrétion lactée, l'expérience a prouvé qu'un certain degré de chaleur, d'humidité, l'absence de la lumière, étaient des conditions favorables à ces productions. La théorie rend un compte satisfaisant de ces phénomènes.

Pour le dire en deux mots : moins la combustion est puissante, plus est favorisé le dépôt des matières hydro-carbonées qui constituent la graisse. L'oxygène, en effet, n'a pas atteint ces éléments pour former de l'eau et de l'acide carbonique. Pour la sécrétion lactée les phénomènes respiratoires peuvent, dit avec raison M. Tisserant (*Choix des vaches laitières*, page 151), être réduits au degré d'activité nécessaire au maintien de la santé. En effet, une respiration très-active, dans une atmosphère pure, introduit beaucoup d'oxygène dans le poumon et en fait sortir une quantité correspondante d'acide carbonique. Plus cet échange est renouvelé, plus nombreuses et multipliées sont les réactions qui élaborent le sang ou constituent la nutrition, et moins il doit rester d'éléments disponibles pour les sécrétions qui ne sont pas à proprement parler dépuratives, pour la sécrétion du lait, par exemple.

N'oublions pas toutefois, Messieurs, que le surcroît d'activité de ces fonctions ne s'opère qu'au détriment de cette autre fonction, la contraction musculaire. Il y a entre elles un rapport inverse. L'aptitude au travail que nous cherchons chez nos bêtes bovines, ne pourra s'obtenir sans l'influence de ces conditions déprimantes.

L'énergie, la force musculaire, la résistance à la fatigue, peuvent se déduire de la puissance de l'hématose. Aux bêtes de travail il faut un air plus dense, contenant le maximum d'oxygène, une insolation plus vive que pour celles d'engrais et pour les vaches laitières.

Ce n'est pas seulement en agissant sur l'organisme, en le modifiant d'une manière peu favorable au but cherché, que ces conditions sont nuisibles, mais encore en établissant entre l'air extérieur et celui des étables une différence thermométrique tellement variable, qu'au sortir de leurs habitations les animaux en sont si fâcheusement impressionnés que sous cette influence les arrêts de transpiration sont très-fréquents et les maladies graves qui en sont les conséquences, peu rares. Nous pourrions même avancer que c'est là la cause la plus efficiente des maladies. Nous constatons ce fait, bien certain de ne pas trouver des contradicteurs, sans démontrer la manière d'agir de cette cause. Notre travail ne se prête pas au développement de ce sujet.

D'après ces considérations, il nous est permis de conclure que les conditions que nous venons de signaler ne peuvent avantageusement concourir à développer et maintenir chez nos bêtes bovines l'aptitude au travail et une bonne santé ; qu'il y a urgence à attirer, encore une fois, l'attention des agriculteurs vers ce point de l'économie du bétail.

La nécessité d'améliorer l'état des étables se fait d'autant plus sentir que les animaux doivent y séjourner plus longtemps.

Dans la plupart de nos contrées, le régime pastoral diminue de jour en jour. Les prairies naturelles qui bordaient nos cours d'eau grands et petits, ont presque entièrement disparu. Le déboisement continue.

Sont-ce là des indices du progrès agricole ? Nous n'avons pas à l'établir. Ce qu'il y a de certain, c'est la nécessité où se trouvent nos animaux, par suite des modifications apportées à la culture du sol, de prendre presque exclusivement leur nourriture à l'étable.

Posons donc les principes qui doivent diriger dans la construction des étables. Ces principes ont pour base des données physiologiques déduites de l'observation rigoureuse des faits. Indiquons-les sommairement. Nous ne voulons pas, en effet, Messieurs, entrer dans les détails minutieux de la construction. Ce serait par trop abuser de vos précieux instants.

Le travail nécessite des contractions musculaires puissantes qui ne peuvent se produire et se continuer qu'en puisant leur mobile dans les sources généreuses des appareils circulatoires et nerveux.

Ces sources si abondantes fussent-elles, seraient vite taries si une alimentation alibile et suffisante, un repos réparateur ne les alimentaient.

Le repos doit être paisible, complet, égal dans les limites du possible pour tous les organes, soit pendant le décubitus, soit pendant la station. Il faut donc assez d'espace et que le sol où repose la bête soit disposé de manière à répartir uniformément le poids du corps sur les colonnes de soutien. Nous n'approuverons donc pas une direction du sol trop inclinée d'avant en arrière. Nous accepterons bien moins ces marchepieds placés devant les animaux, où ces pauvres bêtes sont obligées de se percher pour prendre leur nourriture. Ce mode de station, en reportant le poids du corps sur les membres postérieurs, devient une cause de fatigue et d'usure prématurée. Chez les vaches elle occasionne des renversements des organes génitaux, et donne même une position défavorable au développement du fœtus.

L'appétit, la promptitude avec laquelle les animaux pren-

nent leur repas ne sont pas égaux chez tous. Chaque bête doit
pouvoir manger tranquillement sa ration sans que sa pareille
puisse la lui prendre. Il faut pour cela établir les crèches et
les râteliers de manière à ce que deux animaux ne puisent
pas en même temps à la même ration. Le manque de cette
précaution est souvent la cause inaperçue des dépérissements
de la bête la plus lente à manger.

Il ne suffit pas d'accorder à chaque bête un grand espace,
de donner à la construction des dimensions assez étendues
pour fournir à chaque animal un grand volume d'air. Pour si
grand que soit l'espace qui leur est réservé, l'atmosphère
qu'il renferme serait bientôt impuissante à maintenir la vie.
D'après les calculs de M. Boussingault, il faudrait à une vache
qui produit en 24 heures 4 mètres cubes d'acide carbonique,
une atmosphère confinée de 200 mètres cubes, pour que
après douze heures il y eût seulement dans cette atmosphère
un centième d'acide carbonique substitué à un centième d'oxygène. Une bonne aération peut donc fournir seule cette grande
quantité d'oxygène indispensable à l'exercice normal du jeu
organique. Il faut, il est vrai, d'après les expériences de
MM. Renault et Reisset, une assez grande proportion d'acide
carbonique dans l'air pour qu'il devienne nuisible aux animaux. Un 7 0/0 de ce gaz n'a pas déterminé des effets appré-
ciables. Un 40 0/0 est utile pour déterminer une prompte
asphyxie. Il n'en résulte pas moins que ce n'est pas impunément
pour la santé des animaux qu'ils respirent un air contenant
une proportion bien moins grande d'acide carbonique que
celle déterminée par MM. Reisset et Renault. Les bœufs souf-
frent dans un air qui en renferme 1, 2 à 3 pour cent. S'il y
en a 5 à 6, la respiration est difficile et les corps en combustion s'éteignent. Il faut donc fournir à la respiration, pour
qu'elle soit normale, 20 à 25 mètres cubes d'air pur par heure,

soit 480 mètres cubes au minimum en 24 heures. L'espace réservé à chaque bête bovine étant en moyenne de 20 à 30 mètres cubes, il en résulterait que chaque heure l'atmosphère de l'étable serait épuisée. Les bœufs d'engrais et les vaches laitières sont moins exigeants que les bêtes de travail. Comme nous cherchons à obtenir chez nos bêtes bovines des aptitudes mixtes, nous devons sacrifier un peu l'énergie, la puissance musculaire, au développement du système graisseux ; il faudrait donc pour elles une atmosphère un peu plus restreinte que celle que nous indiquons. Quoi qu'il en soit, les logements ne peuvent jamais être assez vastes pour y suffire ; à l'aération il appartient de fournir à l'économie l'oxygène nécessaire.

*L'aération*, disons-le bien haut, est la base de toute bonne stabulation. L'air est aussi indispensable que l'aliment ; il est certes plus facile à obtenir : pourquoi en serions-nous parcimonieux ?

L'aliment donné sans mesure est nuisible ; l'aération mal dirigée ne l'est guère moins. Il ne s'agit pas seulement de fournir la quantité d'air nécessaire à une bonne hématose ; il faut le donner avec méthode, éviter de diriger les courants vers les animaux ; les ouvertures devront se correspondre ; les croisées seront, par leur nombre, en rapport avec l'étendue de l'étable et placées le plus haut possible au-dessus des animaux. On n'ouvrira jamais celles correspondant à la direction du vent qui souffle.

Les portes devront être spacieuses ; s'il y a nécessité et possibilité d'en placer deux, il y en aura une à chaque extrémité de l'étable.

Là ne sont ni les seuls ni les meilleurs modes d'aération. Les cheminées d'appel, que nous ne pouvons décrire ici, disposées convenablement, fournissent les moyens les plus

sûrs que l'on puisse employer pour bien aérer l'habitation.
Doit-on obtenir un renouvellement continu ou intermittent?
Ce dernier mode, le plus usité, n'est pas à préférer. Confier
ce soin à des hommes insoucieux ou peu expérimentés, le but
qu'on se propose est dépassé ou non atteint. Les oublis seront
fréquents, on donnera trop ou pas assez d'air; les animaux
passeront sans transition d'un extrême à l'autre.

Nous accordons la préférence au premier moyen, à la
condition que l'aération s'effectuera principalement avec les
cheminées d'appel. Ce procédé, basé sur les lois de la pesan-
teur, permet de varier à volonté l'intensité du tirage, de renouveler continuellement, avec mesure, la colonne atmosphérique où sont plongés les animaux, de manière à fournir
à l'hématose un air pur et d'une densité toujours à peu près
égale. Inutile de vous rappeler, Messieurs, que la pureté de
l'atmosphère sera d'autant plus facile à obtenir que l'on s'op-
posera à la formation et au dégagement, non des miasmes
simples, ce n'est pas au pouvoir de l'homme, mais des miasmes
putrides. Pour cela on n'a qu'à éviter la fermentation des
matières organiques qui entourent les animaux. D'où la nécessité de laisser peu de temps le fumier sous les pieds des bœufs,
de n'en jamais placer derrière eux ou dans un coin de l'étable;
d'empêcher toute communication directe, immédiate avec les
bergeries, les porcheries et les volaillers. Propreté constante,
telle est la règle à suivre.

L'aération n'a pas pour seul but d'entretenir la pureté de
l'atmosphère; elle doit produire aussi une température
moyenne et permanente de 12 à 18 degrés centigrades. C'est
là, Messieurs, un point très-important de la bonne tenue des
étables; on ne s'en douterait guère en voyant le peu d'attention qu'y apportent généralement les agriculteurs. Elles sont
nombreuses, néanmoins, les pertes qui se rattachent à l'oubli
de cette règle essentielle de l'hygiène.

Si l'on devait pécher par un excès, il vaudrait mieux que ce fût par le minimum que le maximum de température.

La chaleur, comme le repos, est un équivalent de nourriture. La diète est plus facilement supportée en été qu'en hiver. Les habitants du nord sont plus exigeants en nourriture que ceux du midi.

N'a-t-on pas vu aux époques où la famine dévasta l'Irlande, des familles entières résister longtemps à ce terrible fléau, et cela parce qu'elles restaient dans un repos complet et sous des couvertures qui maintenaient leur corps à une douce chaleur. Celles, sans abri et avides de mouvement, succombaient plus tôt. Ne peut-on pas dire qu'elles étaient dévorées par la combustion ?

L'oxygène, source de vie, devenait ici la cause évidente d'une mort plus prompte.

Il est donc incontestable que, sous l'influence d'un abaissement de température, l'organisme devient plus exigeant pour l'alimentation et que la désassimilation l'emporte sur l'assimilation. A l'appui de cette donnée physiologique, nous citerons l'expérimentation suivante, faite par lord Ducie à la ferme de Whitfield, et rapportée par le savant chimiste Lyon Playfair.

Deux lots de moutons, composés chacun de 100 bêtes, furent parqués, depuis le 10 octobre au 10 mai, dans des conditions tout-à-fait identiques, avec cette seule différence que les enclos de l'un des lots étaient couverts d'un hangar et non les autres. Les bêtes du premier lot mangeaient 25 livres de turneps par jour ; les autres 20 livres du même aliment. A la fin de l'expérience, les moutons abrités avaient gagné chacun trois livres de plus que les autres, bien qu'ils eussent consommé un cinquième de moins en nourriture. Il n'est pas possible de prouver mieux que la chaleur est l'équivalent d'une certaine quantité de nourriture.

L'influence de la température doit donc être prise en grande considération dans le gouvernement du bétail. Cela nous amène à dire qu'une très-bonne écurie pourrait être une mauvaise étable. Pour le cheval, utilisé seulement pendant sa vie, nous devons tendre à produire beaucoup d'énergie, une forte puissance musculaire, une grande résistance à la fatigue et des allures rapides, ce que concourt à donner un air très-dense ayant son maximum d'oxygène ; d'où la nécessité d'avoir une écurie plutôt froide que chaude.

Pour les bêtes bovines, animaux aux allures paisibles et lentes, dont la destination n'est pas exclusivement le travail : ces conditions sont moins nécessaires ; elles seraient même nuisibles, parce qu'en même temps que nous obtenons du travail, il faut aussi produire de la viande et du suif : d'où la nécessité d'une hématose moins grande que chez le cheval et d'une température plus élevée. Par une admirable prévoyance, la disposition anatomique de l'appareil respiratoire, chez les individus de ces deux espèces, est en rapport avec son but. Le foyer pneumatique du cheval est beaucoup plus étendu que celui du bœuf.

La température trop élevée des étables expose les animaux qui les quittent à de fréquents arrêts de transpiration, source féconde des maladies.

*La lumière*, stimulant normal de l'économie animale, l'un des plus naturels et des plus puissants, est trop bien connue par ses effets sur l'organisme, pour que l'on n'apprécie pas toute l'importance qu'il y a à la laisser arriver dans les habitations des animaux. Il est néanmoins des époques de l'année où il importe de ne pas laisser librement pénétrer dans les étables les échauffants rayons de ce subtil fluide. Non-seulement il ajoute ses effets calorifiques à la température déjà assez élevée des bouveries ; mais il facilite l'apparition, en ces lieux, des insectes qui par leurs attaques constantes tourmentent et troublent le repos des animaux : tant il est vrai de dire que les meilleures choses ont leur côté nuisible ; ici encore il faut user et non abuser.

Utilisons donc avec intelligence les modificateurs dont nous venons de faire une étude sommaire ; dirigeons-les de manière à les faire concourir à développer chez nos bêtes bovines la conformation qui décèle en elles des aptitudes mixtes, c'est-à-dire la faculté qu'elles ont de faire un bon travail pendant leur vie, et de fournir après leur mort une excellente viande et beaucoup de suif.

Tout cela peut être obtenu sans ces constructions dispendieuses, ces espèces de monuments qui grèvent la tenue des animaux d'un intérêt énorme.

Dans les constructions rurales, a-t-on dit avec raison, il ne faut rien pour la fantaisie, rien pour l'œil, tout pour l'utilité. La vue doit être satisfaite quand les choses sont disposées suivant les règles d'une bonne hygiène. En agriculture, le luxe est du moins inutile quand il n'est pas onéreux. La bonne hygiène s'accommode parfaitement de la simplicité.

En terminant ces notes, permettez-nous, Messieurs, de vous témoigner le regret que nous éprouvons de les savoir incomplètes. Beaucoup de points qui ont trait à ce sujet ont été omis. Notre voix même, nous le savons, ne s'élève qu'après bien d'autres et de plus autorisées.

Notre bonne intention nous fera pardonner, nous aimons à le croire, ces répétitions. D'ailleurs les bonnes choses peuvent-elles être trop souvent rappelées ?

Toulouse, Imprimerie de Charles Douladoure,